Jules Jamin

# La Rosée

*Son histoire et son rôle*

ISBN : 978-1722100872

10  9  8  7  6  5  4  3  2  1

# Jules Jamin

# La Rosée

*Son histoire et son rôle*

# Table de Matières

# Introduction

Un des membres les plus savants de l'ancienne Académie des sciences, Dufay, à qui l'on doit d'importantes recherches sur l'électricité, disait de la rosée qu'il n'est rien de plus commun, de plus fréquent, de plus connu, et que rien n'est moins clair, moins compris, moins expliqué. Ce n'était pas la modestie qui lui inspirait cet aveu, c'était plutôt la conviction qu'il avait d'avoir découvert tout le mystère. Il n'en était rien, car Dufay se borna à soutenir que la rosée qu'on croyait venir du ciel, ce qui est faux, monte au contraire de la terre, ce qui n'est pas plus vrai. Au XVIIIe siècle, tous les physiciens étaient divisés sur cette question de l'origine de la rosée, qui pour eux résumait tout ; ils n'en sortaient point et faisaient à l'envi des expériences qui paraissaient donner également raison aux deux explications. Le bon Muschenbrœck, une des lumières de l'époque, entreprit d'accorder toutes les opinions en distinguant trois espèces de rosée, la première qui tombe du ciel, la seconde qui émane de la terre et la troisième qui est suée par les végétaux : « La rosée des plantes est proprement comme leur sueur et par conséquent comme une humeur qui leur appartient et qui sort de leurs vaisseaux excrétoires. De là vient que les gouttes de cette rosée diffèrent entre elles en grandeur et en quantité et occupent différentes places suivant la structure, le diamètre, la quantité et la situation de ces vaisseaux excréteurs. » Malgré ces concessions, la discussion continua ; elle aurait pu se prolonger longtemps parce que les savants d'alors ignoraient les principes de physique d'où la solution devait découler. Ils soupçonnaient à peine l'existence des vapeurs, ils ne connaissaient ni les conditions de l'échange calorifique entre les corps chauds, ni le rayonnement nocturne de la terre, ni la nature de la chaleur, ni rien de la chimie, et ce n'est point sans tristesse que nous voyons ces graves savants, qui se piquaient de philosophie, écrire sérieusement « que la rosée est quelquefois nuisible aux animaux et aux plantes, suivant qu'elle est composée de parties rondes ou tranchantes et aiguës, de parties douces ou âpres, salines ou acides, spiritueuses ou oléagineuses, corrosives ou terrestres. C'est pour cela que les médecins attribuent à la rosée diverses maladies comme des fièvres chaudes, le flux de sang, etc. On a même observé que ceux qui se promènent souvent

sous les arbres où il y a beaucoup de rosée devenaient galeux. »
(Muschenbrœck, *Essais de physique*, p. 740.)

Je n'ai point cité ce passage pour le plaisir irrévérencieux de jeter
du ridicule sur nos vieux maîtres, mais pour montrer que depuis
Aristote ils n'avaient rien appris et n'ont rien à nous apprendre,
que nous pouvons sans dommage fermer leurs vieux livres et
commencer l'histoire de la rosée au moment où elle s'est dégagée
des fables ridicules, pour devenir scientifique et expérimentale.

## Section I

Charles Le Roi, médecin et professeur au *Ludovicée* de Montpellier,
fut membre de l'Académie des sciences et de la Société royale de
Londres. Il écrivit de nombreux ouvrages de médecine aujourd'hui
tout à fait oubliés, et, entre temps, il trouva le loisir de faire des
observations de météorologie, science facile qui n'exigeait aucune
connaissance mathématique et qui offrait aux esprits curieux un
aliment dont ils se contentaient faute de mieux. Il eut le bonheur
d'y faire une découverte capitale, que rien avant lui n'avait fait
pressentir et que tout a confirmée depuis. Il faut croire que, venue
un peu trop tôt, elle n'a pas été bien comprise des contemporains,
car ils en ont très peu parlé, et qu'elle a été très vite et presque
entièrement oubliée, car d'autres savants l'ont retrouvée, l'ont
publiée comme étant nouvelle et en ont recueilli les fruits sans
parler de Le Roi. Je ne ferai que lui rendre une justice tardive en
rétablissant son nom au premier rang parmi ceux des savants à
qui nous devons l'explication de la rosée. Il suffira pour cela de
résumer comme je vais le faire le mémoire qu'il publia en 1751
dans les recueils de l'Académie des sciences.

Quand on expose à l'air une couche d'eau dans un vase, elle
disparaît bientôt. C'est un phénomène simple qui nous est
aujourd'hui parfaitement connu. Nous savons que l'eau se change
en une vapeur qui est un gaz véritable, aussi transparente que
l'air, se mêlant à lui sans qu'on la voie. Mais au XVIIe siècle cette
théorie était inconnue ; on se contentait de dire que l'eau est bue
ou pompée par l'air, et que, devenue invisible, elle demeure ensuite
soutenue dans l'atmosphère. Le Roi entreprit d'expliquer cette

disparition et cette suspension de l'eau en disant qu'elle se dissout dans l'air, de la même manière que le sucre se dissout dans l'eau, et il fait remarquer avec une sagacité rare les analogies qu'on trouve entre les deux phénomènes. Le sucre, dit-il, disparaît dans l'eau sans en troubler la transparence. Quoique plus lourd qu'elle, il s'y soutient et ne tombe pas. L'eau d'ailleurs ne peut recevoir qu'une proportion limitée de sucre, qu'il est impossible de dépasser et qui la sature ; mais cette proportion augmente avec la température de façon qu'on peut dissoudre plus de sucre dans l'eau chaude que dans l'eau froide. Or tous ces caractères et toutes ces conditions se retrouvent lorsque l'eau est exposée dans l'air. Elle y disparaît sans troubler la transparence ; elle y est soutenue sans tomber, bien qu'elle soit plus lourde, et surtout l'air ne prend qu'une proportion limitée d'eau. Quand il l'a reçue, il n'en peut admettre davantage ; il est saturé. Vient-on à l'échauffer, son point, de saturation s'élève, et il devient capable de dissoudre et de retenir une plus grande proportion de liquide.

Cette idée de la saturation de l'air, exprimée alors pour la première fois et déduite de l'analogie la plus évidente, proclamait une loi physique de premier ordre. Toutes les vérifications ultérieures l'ont trouvée rigoureusement vraie, l'expression seule des phénomènes a dû être modifiée. En les attribuant à une sorte de dissolution, Le Roi ne faisait que définir un fait et le représenter par une image qui en rend l'intelligence plus facile et l'expression plus simple. Dans l'état d'ignorance où l'on était alors, il n'y avait personne qui fût capable de donner l'explication vraie, ni même de la comprendre, si on avait pu la lui donner. En effet, les propriétés des vapeurs étaient absolument inconnues ; celui qui devait les découvrir, Dalton, n'était pas encore né, et je dois dire qu'après les avoir trouvées, Dalton n'eut à ajouter à la découverte de Le Roi que l'explication du mot dissolution, explication qui consistait à dire que l'eau se transforme en une vapeur qui se mêle à l'air et qui ne peut dépasser un maximum déterminé ; l'air est saturé quand ce maximum est atteint.

Quoi qu'il en soit de l'explication, Le Roi n'a point hésité sur les conséquences. Voici la première : puisque la quantité de matière qui peut être tenue en dissolution augmente quand on chauffe, elle diminue quand on refroidit, et l'eau qui contenait à chaud une forte proportion de sucre ne la peut plus retenir tout entière à froid. Il faut qu'une partie soit abandonnée et redevienne solide ; tout le monde sait que cela est vrai. L'analogie veut qu'il en soit de même avec l'air qui contient de l'eau : quand on le refroidira, il arrivera d'abord à un certain degré pour lequel la quantité d'eau sera la totalité de ce qu'il peut retenir ; à ce moment, il sera saturé, et ce degré sera *le degré de saturation* ; puis, si l'on vient à continuer l'abaissement de température, la totalité de l'eau contenue dans l'air ne pourra plus y rester dissoute, et une portion redeviendra liquide. Telle est la conclusion que Le Roi déduit de sa comparaison ; on comprend qu'il ait mis tous ses soins à la vérifier.

Il prit d'abord une bouteille de verre blanc, toute neuve, qui s'était naturellement remplie d'air par une journée chaude et humide. Il la plongea à moitié dans un bain d'eau glacée, pour refroidir l'air intérieur. Ayant retiré la bouteille au bout de quelques instants, il vit l'intérieur tapissé de gouttelettes d'eau depuis le fond jusqu'au contour que le bain avait marqué sur la bouteille. Cette expérience prouvait que l'air, ayant été refroidi, avait dépassé le degré de saturation, était devenu incapable de retenir toute l'eau qui s'était dissoute à une température plus élevée, et l'avait *lâchée* en forme de buée sur le verre froid. Le Roi modifia bientôt son expérience. Au lieu de plonger la bouteille dans un bain froid, il la remplit avec de l'eau dont il abaissait peu à peu la température en y jetant de petits morceaux de glace ; c'était le moyen de refroidir progressivement l'air atmosphérique au contact de la paroi externe. Dès qu'elle fut amenée à un degré un peu inférieur à celui de la saturation, la buée se déposa, sur le verre, et Le Roi reconnut que ce degré est très différent suivant les jours et les lieux. S'il est élevé, c'est que l'air contient beaucoup d'eau ; s'il est bas, c'est qu'il en retient moins : ce degré est lié à la quantité d'humidité de l'air ; il la mesure, et l'appareil qui sert à le déterminer est un *hygromètre*, l'hygromètre à condensation, l'hygromètre de Le Roi. Il a été depuis modifié dans sa forme, non dans sa théorie, et rendu plus commode dans la pratique. Regnault a réussi à lui donner toute la sensibilité qui lui manquait à l'origine, et l'on peut dire qu'aujourd'hui c'est le seul hygromètre irréprochable. Vingt ans après qu'il eut été inventé, Saussure eut la malencontreuse idée de mesurer l'état hygrométrique de l'air par les allongements que l'humidité fait subir à un cheveu tendu. Il décrivit à grand fracas son instrument, qui ne valait rien, et, comme il avait beaucoup de crédit, il le fit adopter partout. On s'aperçut trop tard que, si l'appareil était capable de donner des indications vagues, il était insuffisant quand on lui demandait des mesures précises. Pendant près d'un siècle, on s'occupa d'y remédier ; mais tout fut inutile, il fallut revenir à l'hygromètre de Le Roi, qu'on n'aurait jamais dû quitter. En tout ce qu'il fait, l'homme hésite et se trompe : il n'arrive au vrai que par des erreurs corrigées. Laissons de côté cette application et revenons au phénomène en lui-même. Le dépôt qui se fait sur l'hygromètre commence par un trouble léger pareil à celui que l'haleine fait naître sur un carreau, puis il se sépare en gouttelettes d'abord très petites, qu'on voit ensuite grossir et se joindre ; c'est une véritable rosée artificiellement produite. C'est d'ailleurs un fait qui se retrouve dans toutes les conditions analogues : sur les vitres quand l'extérieur est froid, sur les bouteilles qui sortent de la cave, sur les carafes glacées qu'on place sur les tables, sur toutes les substances enfin qui par une cause accidentelle ont été suffisamment refroidies ; la rosée naturelle elle-même affecte des apparences identiques, est formée de gouttes pareilles, et ne se montre que sur les objets refroidis pendant les nuits calmes de l'automne ou du printemps : elle n'est, suivant toute évidence, qu'un cas particulier de la loi générale et la conséquence nécessaire du refroidissement nocturne.

Il fallait cependant en donner une preuve directe : Le Roi n'y manqua pas. Au 27 septembre 1752, au moment du coucher du soleil, comme l'air était à 17 degrés, il mesura le point de saturation de l'air, qu'il trouva à 13° 1/2 ; cela voulait dire que la condensation sur l'hygromètre devait commencer à cette température. Alors il plaça l'un près de l'autre sur la terrasse de son observatoire un thermomètre et une bouteille de verre blanc. Ces deux objets, exposés au froid de la nuit, arrivèrent à la température de 12° 1/2, et, comme celle-ci était plus basse que le degré de saturation, la condensation devait se faire ; on vit en effet une rosée abondante couvrir le thermomètre et la bouteille. Cette épreuve fut répétée un très grand nombre de fois, toujours avec le même succès. La rosée se montrait inévitablement quand le froid dépassait le degré de saturation, elle ne se formait jamais quand il était moindre. Ainsi la rosée ne tombe pas du ciel ; elle ne monte pas non plus de la terre ; elle est virtuellement contenue dans l'air sous la forme de vapeur, et le froid la ramène à l'état liquide sur le sol, sur les herbes, sur les corps légers, plus vite dans les jours humides, plus tard par les temps et sur les pays secs, toujours par les nuits claires qui sont froides, jamais par les temps couverts qui sont chauds ; enfin, circonstance à noter, presque jamais dans les villes. Cette immunité reconnue des grandes agglomérations avait beaucoup intrigué les météorologistes ; mais elle n'embarrassa pas Le Roi. Il fit dans la nuit du 21 septembre 1752 une double expérience : il exposa dans l'air deux thermomètres, l'un au milieu de la ville de Montpellier, l'autre dans une campagne voisine, et il reconnut au matin suivant qu'il n'y avait eu dans la ville ni rosée, ni refroidissement sensible, tandis qu'au milieu de la campagne la température étant descendue bien au-dessous de la saturation, il y avait une abondante rosée. On voit que, si la rosée fuit les villes, c'est que la fraîcheur des nuits n'y pénètre pas.

S'il est incontestable que Le Roi ait le premier donné l'explication rationnelle de la condensation de la vapeur, et qu'il ait formulé les premières idées exactes au sujet de la rosée, il faut pourtant avouer qu'il n'a pas tout découvert et qu'il a même commis des erreurs assez graves. Il est visiblement embarrassé quand il entre dans les détails et qu'il essaie de rendre raison de la rosée qu'on voit le plus communément dans l'herbe des lieux humides. Cet embarras, ces erreurs tiennent à une circonstance en apparence bien futile et qui l'égara. Il plaçait ses thermomètres au-dessus de l'herbe au lieu de les plonger dedans et il y trouvait une température supérieure au point de saturation, bien qu'il y eût de la rosée. Il crut alors devoir se jeter dans des explications complémentaires qui sont inexactes. Si par bonheur il avait eu la pensée de placer son thermomètre sur le sol même, ou au milieu de l'herbe, il y aurait trouvé une température beaucoup plus basse, et sa théorie, loin d'être atteinte, eût reçu une confirmation nouvelle dont il a laissé le soin à ses successeurs. Cela prouve qu'on peut être bien près d'une vérité sans la voir, et toucher des découvertes sans le savoir et sans les faire.

## Section II

Si l'on avait dit à Le Roi : Vous expliquez la rosée par le refroidissement, mais comment arrive ce refroidissement ? il eût souri, j'imagine, comme on le fait à toute demande qui ne vaut pas la peine d'être écoutée. Il lui paraissait tout simple que, le soleil étant couché, la température dût baisser. Le foyer une fois éteint, la chaleur s'en va ; il ne lui est pas venu à la pensée de se poser cette question, ou qu'elle valût une réponse. C'est pourtant un sujet qui couvrait de grands problèmes, et méritait une étude indéfinie qui a occupé nos pères et qui nous préoccupe encore. C'est une histoire longue à raconter ; elle va nous mener jusque dans les détails des découvertes les plus modernes. Nous y rencontrons tout d'abord un fait des plus curieux. Quand le ciel est couvert pendant la nuit et qu'on distribue des thermomètres en divers endroits et à diverses hauteurs au-dessus du sol, on leur trouve des températures à peu près égales, un peu plus élevées contre le sol et un peu plus basses dans l'air. Par une nuit claire, il en est tout autrement. La surface du sol et l'intérieur des herbes accusent des températures beaucoup plus basses que l'air répandu à quelques pieds au-dessus. Le fait parait avoir été découvert par Patrick Wilson, de Glascow, en 1784, puis confirmé quelques années plus tard par Six, d'Edimbourg. Les observations de ce dernier furent publiées dans un écrit posthume où l'on voit que l'herbe d'un pré descend quelquefois à 10 degrés plus bas que l'air qui est au-dessus. À cette époque vivait à Londres un médecin du nom de Ch. Williams Wells, peu connu comme médecin, ni bon ni mauvais, profondément atteint dans sa propre santé et trompant les tristesses de la maladie par l'étude des sciences physiques. Lui aussi, de son côté et à la même époque, dans un jardin de Surrey qui appartenait à l'un de ses amis, lui aussi, dis-je, avait eu l'idée de mesurer la température de l'herbe, et, comme les précédents observateurs, il l'avait trouvée de 4 à 5 degrés inférieure à celle de l'air pendant les nuits sereines de l'automne. Ne connaissant point les recherches antérieures de Wilson et de Six, il se disposait à publier les siennes, quand un hasard lui apprit qu'il avait été devancé. Il se le tint pour dit, se tut et attendit. Ce qui paraîtra bien étonnant, c'est que tous les trois semblent avoir ignoré les recherches de Le Roi, dont ils ne parlent point. Ils reconnaissent que le froid de l'herbe est accompagné de rosée, que ce sont des effets toujours solidaires et inséparables, et ils s'accordent encore pour admettre sans raison ni logique que le froid est *la conséquence* de la rosée, sans même examiner la question de savoir si ce n'est pas l'inverse qui est vrai, si le froid n'est pas *la cause* de la rosée.

Wells attendit jusqu'en 1813 sans abandonner ses études, sans cesser d'avoir toujours le même sujet présent à la pensée. Tout à coup il modifia sa première opinion. « En considérant le sujet avec plus d'attention, je commençai à soupçonner que M. Wilson, M. Six et moi-même avions tous trois commis une erreur en regardant le froid qui accompagne la rosée comme un effet de la formation de ce fluide. En conséquence je repris mes expériences. » Quelle fut la cause de ce changement de front ? Est-ce le fruit de réflexions spontanées de l'auteur ? Ne serait-ce point la lecture des travaux de Le Roi ? Wells connaissait Le Roi, qui était comme lui membre de la Société royale ; il connaissait aussi son mémoire sur la suspension de l'eau dans l'atmosphère, puisqu'il cite le recueil qui le contient et l'année où il fut publié. On peut difficilement supposer qu'il l'ait rappelé sans le lire, et, l'ayant lu, comment expliquer qu'il en ait adopté les conclusions sans dire où il les avait prises ? Je ne veux pas pousser plus loin qu'il ne convient cette enquête rétrospective ; mais il est clair que le silence du physicien anglais ne prouve pas contre les titres de priorité de Le Roi ; il me signifie rien autre chose sinon que le docteur Wells ne les a pas connus ou qu'il avait des raisons pour n'en point parler.

Cette restriction faite, je vais raconter les expériences de Wells, telles qu'il les a publiées dans un opuscule demeuré célèbre, dans le traité le plus complet et le plus logique, qui ait été composé sur cette matière. Sans se préoccuper des explications possibles, Wells commence par résumer avec une attention pour ainsi dire désintéressée toutes les circonstances qui favorisent ou empêchent la production de la rosée. C'est la méthode scientifique, car, outre que ces conditions générales mettent sur la voie de l'explication avant qu'elle ne soit connue, elles en deviennent, quand elle est trouvée, autant de conséquences naturelles, qui la confirment. Wells reconnaît alors, comme on le savait depuis Aristote que la rosée se montre en même temps que les étoiles, par un ciel serein, que le vent la favorise s'il est faible et l'empêche quand il est fort, qu'on la voit rarement en été quand les nuits sont courtes et chaudes, mais souvent à l'automne et au printemps, lorsqu'elles sont longues et froides ; enfin qu'elle ne se montre point par les temps couverts, ni sous les abris, les hangars ou les arbres touffus.

Pour donner plus de précision à ses recherches et comparer entre elles les quantités de rosée développées en diverses circonstances, il préparait des flocons de laine larges, épais et peu tassés, de même forme et.de même poids ; il les plaçait en divers endroits après le coucher du soleil, et le lendemain il mesurait la rosée qu'ils avaient recueillie par l'augmentation du poids. Il n'y en avait pas sous une table dressée au milieu d'un jardin, ni sous un carton posé sur l'herbe ; on en trouvait au contraire beaucoup au-dessus. Toute disposition qui augmentait l'étendue du ciel visible la favorisait, tout obstacle qui diminuait cette étendue l'empêchait. Finalement Wells récapitula tous, ces essais dans cette formule unique, que la quantité de rosée recueillie en un point est proportionnelle à l'étendue de ciel visible de ce point. Cette loi résume tout ; la théorie devra l'expliquer.

Wels arrive ensuite aux variations de température qui avaient été découvertes avant lui par Wilson et Six. Pour les constater, il lui suffit de placer un thermomètre dans l'herbe d'un pré ou dans un des flocons de laine qui sert de réceptacle à la rosée, et de le comparer avec un autre thermomètre suspendu dans l'air libre à quelques décimètres au-dessus du premier : celui de l'herbe était toujours moins chaud ; son refroidissement était très grand dans les cas où la rosée était abondante, il était moindre ou nul quand elle diminuait ou quelle disparaissait. On peut donc affirmer la solidarité des deux phénomènes, ce qu'on savait déjà, et ajouter, ce qui a plus d'importance, que le refroidissement est proportionnel à la quantité de ciel visible.

C'est alors que Wells se posa la question de savoir quel est celui de ces deux phénomènes solidaires qui précède et détermine l'autre, question qui n'a pas un grand intérêt pour nous, puisqu'elle avait été résolue soixante ans auparavant par Le Roi, mais qui importait beaucoup à Wells, puisqu'il avait longtemps hésité sur la solution qu'il convenait d'adopter, il la résolut par l'expérience. Le soir du 13 août 1813, il se transporta dans le jardin de son ami, à Surrey ; les conditions météorologiques étaient excellentes, sauf que le ciel n'était pas tout à fait exempt de nuages. Il plaça sur une planche horizontale élevée, sorte de table soutenue par quatre pieds, un de ses flocons de laine et un petit sac de duvet de cygne, puis au milieu de chacun de ces objets il déposa un thermomètre. A six heures vingt-cinq minutes, le soleil abandonna le lieu de l'observation, tout aussitôt les thermomètres baissaient et se trouvaient après vingt minutes, l'un à 3°85, l'autre à 3°30 au-dessous de la température de l'air ; mais ni la laine, ni le duvet de cygne n'avaient augmenté de poids. L'expérience fut continuée après le coucher du soleil, et les mesures étaient reprises d'heure en heure. On vit ce refroidissement continuer et s'aggraver, mais ce ne fut que tout à la fin de la nuit que la rosée commença à se déposer. Le refroidissement l'avait précédée depuis longtemps ; il n'en était donc pas l'effet, il en était la cause. Ainsi, ajoute Wells en terminant, « mes expériences étaient finies à proprement parler ; » on pourrait même dire qu'elles étaient inutiles après celles de Le Roi.

Je voudrais insister particulièrement sur ce froid nocturne dont on n'a point assez signalé l'importance et la généralité. Ce n'est pas seulement dans l'herbe que l'air est refroidi, c'est au contact de tous les objets terrestres, c'est sur toute l'étendue du sol, qu'il soit ou ne soit pas couvert de végétation ; et ce froid, commencé aussitôt après le coucher du soleil, se continue et s'exagère jusqu'au lever suivant. A ce dernier moment, les thermomètres échelonnés au milieu de l'air marquent des degrés décroissant lentement depuis 2 mètres d'élévation jusqu'à 15 ou 20 centimètres du sol, après quoi se rencontre tout à coup une couche uniformément et considérablement froide, froide en toute saison si le ciel est clair, mais surtout en hiver, sur la terre, qu'elle glace, et principalement sur la neige, parce que celle-ci, qui ne conduit pas la chaleur, arrête le réchauffement qui vient des profondeurs, ce qui a fait supposer à tort qu'elle garde quelque chose du froid des régions élevées d'où elle vient. La surface terrestre entière est donc couverte et comme vernie de froid, comme enveloppée par un mince rideau d'air alourdi qui glisse le long des déclivités, s'étale dans les fonds, pénètre dans les interstices des herbes, couvre les feuilles et les rameaux, les toits et les hangars, mais respecte le dessous des abris et des voiles, même légers, dont on recouvre les plantes au printemps. C'est dans cette couche que la rosée se dépose et quelquefois se glace ; c'est après ce refroidissement préalable que les terrains se gèlent et se tapissent de givre, lors même que la masse atmosphérique demeure à un degré supérieur à celui de la congélation. Mais, si vous venez à couvrir une étendue quelconque de cette herbe ou de ce sol avec un carton ou une toile, c'est un vêtement que vous jetez sur la terre ; elle réchauffe bientôt l'air qui est au-dessous, comme le ferait un animal vivant, pendant que le vernis de froidure se reforme à l'extérieur au-dessus de l'abri. Cet abri peut être une toile jetée sur l'herbe ou une table soutenue par quatre pieds ; ces pieds peuvent être courts ou longs ; elle peut être soulevée autant qu'on le voudra, bu être remplacée par un toit. Si haut que soit le voile, quand même on le reculerait jusqu'aux limites de l'air, il retiendra la chaleur de la terre. Une nuit, le hasard se chargea de confirmer ces conclusions aux yeux étonnés du docteur Wells. Des nuages séparés passaient l'un après l'autre au-dessus de sa tête, cachant et découvrant alternativement le ciel étoile. Chaque fois qu'un nuage passait, la température de l'herbe montait ; elle baissait aussitôt qu'il s'éloignait. Ainsi les nuages qui couvrent le globe pendant les nuits pluvieuses sont des abris véritables ; pour être plus large, le vêtement ne cesse pas d'être chaud. On comprend aussi l'influence du vent, car, s'il est suffisamment fort, il déplace le vernis de froidure et le mêle avec les couches supérieures. On ne doit donc pas dire qu'il évapore la rosée à mesure qu'elle est déposée, mais bien qu'il l'empêche de se former parce qu'il en détruit la cause.

En considérant maintenant que ce froid et cette rosée, qui en est l'effet, se produisent dans les nuits sereines, qu'ils disparaissent lorsque le temps se couvre, et qu'ils augmentent en même temps que l'étendue du ciel visible, il faut bien conclure que la cause en est dans le ciel lui-même, c'est-à-dire dans l'espace indéfini qui s'étend au-dessus de nos têtes ; c'est là qu'en effet Wells l'a trouvée, et c'est la partie vraiment originale de son œuvre.

La terre, abandonnée en un point de l'espace indéfini, a peu de chaleur en elle-même ; elle n'a pour voisins que la lune et le soleil. Celui-ci est immense, sa température est énorme, et la chaleur qu'il nous envoie est si grande que pour l'exprimer il faut recourir à une image. Pouillet, qui l'a mesurée, a prouvé qu'elle est capable de fondre en un an une épaisseur de glace égale à 32 mètres qui couvrirait le globe entier. Mais cette chaleur ne reste point ; la terre n'en garde que la faible partie nécessaire à la vie des plantes, elle perd le reste. Tous les objets qui la couvrent, minéraux ou végétaux, terre ou eau, tout le sol enfin rayonne pendant la nuit la chaleur accumulée pendant le jour ; il la renvoie d'où elle lui était venue, vers le ciel et dans toutes les directions à la fois.

Ce qu'il faut bien comprendre, c'est qu'elle traverse l'air sans qu'il empêche ou favorise sa sortie. Il y est indifférent. Elle se propage à travers les molécules atmosphériques sans les échauffer, sans les toucher, sans s'affaiblir. C'est ce que Melloni exprime en disant que l'air est diathermane, c'est-à-dire transparent pour la chaleur. Qu'il ait cette propriété d'une manière absolue ou seulement approximative, c'est ce que nous examinerons tout à l'heure ; ce qui est certain, c'est qu'il est traversé par la majeure partie des rayons venus du sol. Une fois qu'elle est sortie de l'atmosphère, cette chaleur continue sa route sans rien rencontrer, sans que rien puisse l'arrêter, pour se perdre irrévocablement dans l'immensité. Elle n'est remplacée par rien, car l'espace n'a point de température et ne peut rien nous rendre. Il contient à la vérité des astres épars qui sont de vrais soleils, mais si loin de nous qu'à peine on les voit et qu'on n'en sent pas l'effet.

Le grand phénomène que nous venons de décrire se nomme le *rayonnement nocturne*. En voici l'effet immédiat : puisque les objets terrestres renvoient leur chaleur sans en recevoir d'autre, ils se refroidissent, et puisque l'air assiste en témoin désintéressé à ce rayonnement, il ne se refroidit pas ; bientôt les objets sont plus froids que lui, et la rosée survient. Il est évident d'ailleurs que le rayonnement cesse sous les abris, sous les nuages, qu'il s'exagère par les temps très clairs et quand la portion du ciel visible augmente. Noms reconnaissons ici toutes les conditions qui favorisent ou empêchent la rosée ; elles se justifient aussitôt et viennent confirmer la théorie. Il est d'autres circonstances dont cette théorie prévoit l'effet avec autant de précision : nous allons en citer une. Ce refroidissement nocturne ne peut être le même pour toutes les substances ; il dépend de leur pouvoir émissif. Leslie, ayant rempli d'eau bouillante un vase cubique dont l'une des faces était de métal poli et l'autre couverte de noir de fumée, a vu que la première envoyait huit ou dix rayons pendant que la deuxième en émettait cent ; c'est ce qu'on résume en disant que le *pouvoir émissif* d'un métal est très petit, et celui du noir de fumée très grand. Il suit de là qu'un métal, envoyant moins de chaleur qu'une autre substance, se refroidira moins vite qu'elle ; et, comme d'autre part il reprendra de la chaleur au sol parce qu'il est bon conducteur, il se maintiendra pendant toute la nuit plus chaud que les objets voisins ; il restera sec pendant qu'ils se couvriront de rosée. C'est une immunité spéciale aux substances métalliques ; elle avait été remarquée depuis longtemps sans avoir reçu avant Wells aucune explication rationnelle.

Melloni fit pourtant à la théorie du rayonnement nocturne une objection spécieuse. Un thermomètre placé au-dessus du sol dans un endroit bien découvert rayonne dans toutes les directions ; il serait au contraire abrité s'il était au-dessous, au milieu de l'herbe d'un pré. Dans le premier cas il devrait être plus refroidi que dans le second, et c'est le contraire qui arrive. Après avoir fait l'objection, Melloni la réfuta aisément. Sans nul doute le thermomètre supérieur rayonne davantage ; mais l'air qui l'enveloppe le réchauffe et se refroidit ; cet air devient plus lourd, il tombe, et il est aussitôt remplacé par une nouvelle couche qui subit le même effet et le suit dans sa descente ; un courant s'établit, qui accumule sur le sol une masse d'air alourdi ; c'est le plus froid qui descend le plus bas, qui s'étale dans l'herbe et sur le terrain, où il demeure immobile : c'est le vernis de froidure. La question de la rosée est maintenant résolue dans ses moindres détails. Résumons-la. Le rayonnement nocturne abaisse la température des objets terrestres, il s'exagère quand la nuit est claire, il cesse quand le ciel est couvert, il augmente avec l'étendue de ciel visible, il est arrêté par les abris. L'air refroidi se répand comme une sorte de liquide à la surface du sol ; la rosée apparaît quand le degré de saturation est dépassé, et la terre n'est plus qu'un immense hygromètre de Le Roi.

Nous n'avons point parlé de la lune. Joue-t-elle un rôle dans ces phénomènes de la nuit ? Elle y est si brillante qu'on ne se résigne pas à lui refuser quelque vertu. Le préjugé commun lui en attribue trop, et en particulier l'accuse des froids de la rosée et des gelées du printemps. Mais le préjugé commun se trompe ; il ne faut point se lasser de le répéter et de le prouver. Comme la terre, la lune reçoit une provision annuelle de chaleur qui fondrait 32 mètres de glace à sa surface. Comme la terre, elle se réchauffe pendant le jour pour se refroidir pendant la nuit, et, comme le jour lunaire est environ vingt-huit fois plus long que le nôtre, les points que nous voyons reçoivent l'effet du soleil pendant quatorze de nos jours et quatorze de nos nuits, sans interruption ni ralentissement. Comment la lune soumise à un pareil régime pourrait-elle être froide ? Se figure-t-on la température que prendrait la terre si un jour d'été venait à se prolonger jusqu'à devenir égal à quatorze fois vingt-quatre heures ? La lune est donc chaude et même très chaude quand elle illumine nos nuits, si glacées qu'elles soient ; loin de contribuer à ce refroidissement, elle fait ce qu'elle peut pour nous réchauffer, pas beaucoup, j'en conviens, parce qu'elle éparpille dans tous les sens ce qu'elle reçoit du soleil et que la part réservée à chaque point de la terre est fort mince ; mais cette part existe, et les expériences de Melloni l'ont mise hors de doute. D'ailleurs on a prouvé qu'il n'y a point de lumière sans chaleur. Il faut s'y résigner, réduire la lune à ce rôle bienfaisant d'éclairer les nuits sereines, ne l'accuser ni des pluies, ni des désastres de la gelée ; elle en est l'innocent témoin, il n'y a de criminel et de coupable que le rayonnement.

### Section III

Malgré tout l'intérêt que peut nous offrir l'étude de la rosée, ce phénomène n'est qu'un accident, que la conséquence d'une fonction météorologique bien autrement importante, le rayonnement nocturne et le refroidissement de la terre. Cette fonction mérite une étude plus complète. Je rappellerai d'abord les célèbres expériences de Dulong et Petit. Ces physiciens ont placé au centre d'un ballon de cuivre un thermomètre préalablement échauffé, et ils ont observé de seconde en seconde la vitesse de son refroidissement. Pour commencer, ils ont opéré dans le ballon vidé d'air, et ils ont reconnu que d'une part le thermomètre envoie de la chaleur aux parois et que de l'autre les parois en rendent au thermomètre. C'est un échange perpétuel. Quand le thermomètre est plus chaud, il envoie plus qu'il ne reçoit, c'est le contraire s'il est plus froid. Lorsque les températures sont égales, l'échange ne cesse pas pour cela, seulement l'enceinte et le thermomètre émettent et reçoivent des quantités de chaleur égales : ils sont en équilibre, mais en *équilibre mobile*, car si une cause vient le déranger, il se rétablit aussitôt. Cela fait, et après avoir exprimé mathématiquement la loi de ce refroidissement, Dulong et Petit ont introduit de l'air dans leur ballon et ont recommencé leur étude. Ils ont trouvé que ce gaz n'oppose aucun obstacle aux rayonnements réciproques de l'enceinte et du thermomètre, qu'il les laisse passer comme s'il n'était pas là, comme si ses molécules étaient assez petites et assez distantes pour n'être pas affectées ni touchées par les ondes calorifiques. C'est la confirmation de ce que nous avons précédemment admis. Cet air pourtant n'est point sans action, il accélère beaucoup le refroidissement, et cela se comprend, car ses molécules, qui sont (en perpétuel mouvement, vont de l'enceinte au thermomètre et *vice versa* ; à chaque contact, elles partagent la température des surfaces qu'elles touchent ; elles portent ainsi de la chaleur du centre à la surface ou de la surface au centre, refroidissant le thermomètre s'il est plus chaud, le réchauffant s'il est plus froid. Les gaz ont ainsi, un pouvoir refroidissant qui leur est propre, qui varie avec leur nature, qui se distingue du rayonnement et qui s'y ajoute. Ils charrient la chaleur.

L'application de ces principes à l'atmosphère entière nous conduit à dire que pendant le jour les objets terrestres commencent par absorber les rayons du soleil, qu'ensuite ils échauffent l'air par leur contact, que, pendant la nuit, ils envoient vers l'espace par rayonnement la même somme de chaleur qu'ils enverraient dans le vide, que le rôle de l'air se réduit alors à rendre à ces mêmes objets par son contact une certaine quantité de chaleur qui les réchauffe et le refroidit. Dans ce mécanisme bien simple, l'air n'aurait donc qu'une fonction, celle d'emmagasiner pendant le jour une quantité de chaleur qu'il enlèverait aux objets terrestres échauffés pour la leur rendre pendant la nuit quand ils sont refroidis. Il n'agirait que par le contact de ses molécules avec leur surface et n'aurait aucune influence d'aucune sorte sur le rayonnement direct. Approximativement c'est bien là son rôle, mais la dernière assertion est-elle rigoureusement exacte ? Wells eut à ce sujet des doutes qu'il a formellement exprimés ; il ne croyait pas l'air absolument diathermane, et qu'il laissât passer tout entiers les rayons calorifiques sans les empêcher ou les aider ; il pensait au contraire que tous les gaz en absorbent toujours quelques-uns et s'échauffent à leurs dépens. Mais à l'époque où il écrivait, aucune expérience n'était encore venue pour lui donner raison ou tort, et celles que Dulong et Petit exécutèrent ensuite n'étaient pas de nature à résoudre la question, car leur ballon n'était pas grand, et, dans le trajet de l'enceinte au thermomètre, les rayons franchissaient une épaisseur d'air bien trop petite pour qu'elle pût en absorber une proportion sensible. D'où il suit que, malgré leur exactitude reconnue, ces expériences ne prouvent rien pour l'atmosphère entière.

C'est Pouillet qui le premier a mis hors de doute le pouvoir absorbant de l'atmosphère. Quand ils arrivent aux limites supérieures de l'air, les rayons solaires ont gardé toute leur force, que n'a diminuée en rien leur trajet à travers les quarante millions de lieues qu'ils ont parcourues ; ils n'y ont rencontré en effet aucune sorte de matière pondérable qui ait pu les affaiblir. Cette force est à peine diminuée quand ils rencontrent les hautes montagnes du globe. Là ils élèvent considérablement la température d'un thermomètre dont la boule est noircie, mais l'air est très froid à l'ombre. Exposés au soleil, les observateurs éprouvent les mêmes sensations que devant un grand feu allumé l'hiver au milieu de la campagne ; brûlés par devant, ils gèlent par, derrière. A mesure que les rayons s'enfoncent dans la profondeur des vallées, ils se dépouillent avec une étonnante rapidité de leur chaleur obscure pour la céder à l'air et pour l'échauffer. Le reste arrive à la terre, qui tout d'abord le transforme et qui, après, le renvoie vers l'air, qu'il traverse une seconde fois en sens opposé, où il subit une absorption nouvelle et encore plus grande que la première. Ainsi l'air n'est point, comme nous l'avions admis, une masse inerte assistant au passage de la chaleur sans l'empêcher ; c'est au contraire un corps qui l'arrête partiellement au passage, soit quand elle vient du soleil, soit quand elle retourne vers le ciel ; c'est donc par une double cause qu'il s'échauffe, par cette absorption d'abord et ensuite par les contacts répétés de ses molécules avec le sol. Pour ces deux raisons, l'air est un manteau, un manchon, une couverture douée de la propriété d'emmagasiner la chaleur qui vient et d'arrêter celle qui s'en va, et c'est pour cela que les nuits gardent une température qu'elles ne pourraient conserver sans les bienfaits de notre atmosphère. Le même privilège n'est point échu à la lune, qui reste nue au milieu des deux et qui doit éprouver, pendant ses nuits vingt-huit fois plus longues que les nôtres, un effroyable refroidissement. Les observations de Pouillet nous ont appris que l'air absorbe dans le sens vertical environ le quart ou le cinquième de la chaleur solaire ; ce qu'il y a de plus curieux, c'est que son action n'est pas toujours la même : elle varie suivant les jours, et, puisqu'elle varie, il faut que l'air éprouve des changements dans sa constitution. On peut se demander quels sont ces changements.

Ce qui fait le caractère particulier des sciences d'observation, c'est qu'elles ne résolvent une question que pour en poser une autre. La rosée nous a conduits au rayonnement et à la faculté absorbante de l'air. Nous sommes maintenant amenés à demander quelle est la partie de l'air qui cause cette absorption. Est-ce l'oxygène ? est-ce l'azote ou la vapeur d'eau ? La question va changer encore une fois de face et nous montrer de nouveaux acteurs.

C'est M. Tyndall qui a tout récemment abordé ce sujet ; je n'ai point à présenter ce savant distingué aux lecteurs de la Revue, il y a longtemps que sa réputation a franchi le détroit. M. Tyndall n'est pas seulement un des plus habiles professeurs de l'époque, c'est encore un explorateur passionné des montagnes. Le premier il a gravi le Mont-Rose, et passé sur le Mont-Blanc une nuit tout entière, employée à des observations sur ce point élevé, qu'il n'est pas donné à tout le monde d'aborder. En revenant de ces courses fatigantes, où sa curiosité avait été éveillée, il nous a donné la théorie des glaciers, ses belles recherches sur la couleur du ciel bleu, et enfin plus récemment ses expériences sur la faculté absorbante des gaz. Je vais les analyser. M. Tyndall mesura, avec des précautions qu'il est inutile de raconter ici, la proportion de chaleur qui traversait un long tube, fermé par des glaces de sel gemme, d'abord vidé et rempli ensuite avec différents gaz. Le résultat de ces études a été bien inattendu. A part quelques exceptions, tous les gaz se laissent également traverser par la lumière, et l'œil ne les distingue pas. Mais pour la chaleur obscure, les uns l'arrêtent, comme le gaz ammoniac, d'autres la laissent passer. C'est le cas précisément de l'air quand il est sec et pur, et c'est à peine si l'on saisit une différence légère entre ce gaz et le vide. On en conclut que, si l'atmosphère était toujours sèche et pure, elle n'aurait point le pouvoir d'absorption que Pouillet lui a trouvé ; mais il suffit d'un parfum, même en proportion minime, pour lui enlever sa transparence : l'essence d'anis le rend trois cent quatre-vingts fois plus absorbant. A défaut d'essence, les fleurs suffisent ; à elles seules elles expliqueraient tout. C'était surtout la vapeur d'eau qu'il fallait étudier, et il se trouva qu'elle était au moins soixante-dix fois aussi absorbante que l'air dont elle tenait la place. On me permettra de citer en entier le passage où M. Tyndall résume l'effet de cette importante découverte. « Il ne peut y avoir de doute sur le degré considérable d'opacité de la vapeur aqueuse pour les rayons de chaleur obscure et principalement lorsque ces rayons émanent de la terre après qu'elle a été réchauffée par le soleil. La vapeur aqueuse est une couverture plus nécessaire à la vie végétale de l'Angleterre que les vêtements ne le sont à l'homme. Otez pendant une seule nuit la vapeur aqueuse contenue dans l'air qui environne notre pays, et vous détruirez certainement toutes les plantes qui peuvent être détruites par la gelée. La chaleur de nos champs et de nos jardins se répandra sans retour dans l'espace, et lorsque le soleil viendra reparaître sur notre île, il la retrouvera en proie à un froid rigoureux. La vapeur aqueuse est une écluse locale qui emmagasine la température à la surface de la terre. L'écluse cependant finit par déborder, et l'espace absorbe tout ce que nous recevons du soleil.[1] »

## Section IV

Il n'est point de fonction naturelle, si petite qu'elle paraisse, qui n'ait son rôle dans le grand mécanisme. Quel est celui de la rosée ? Voici comment le célèbre Hales répondait à cette question en 1735 : « Le grand bien que fait la rosée dans les temps chauds vient de ce qu'elle est sucée par les feuilles et les autres parties hors de terre des végétaux, car cela les rafraîchit dans l'instant, et cette rosée leur fournit encore assez d'humidité pour suppléer à la grande dissipation qui s'en fait les jours suivants. » Sans contredire à l'opinion de Hales, je crois que la rosée a plus d'importance générale et plus d'utilité pratique qu'un simple arrosage. Mais, avant d'aborder cette question, il faut rappeler la condition essentielle de toute formation ou de toute précipitation

1 La Chaleur, p. 309.

24

des vapeurs. On peut l'énoncer ainsi : « Pour volatiliser l'eau, il faut lui donner de la chaleur ; pour condenser la vapeur, il faut lui en reprendre. » Cela est évident quand on considère l'énorme quantité de charbon consumée dans les machines à feu, et, sans aller si loin, quand on observe le temps considérable qu'il faut pour vaporiser entièrement l'eau qui bout sur un foyer. La chaleur fournie par ce foyer pendant ce temps disparait tout entière dans l'eau et n'a d'autre emploi que de la gazéifier. Sans qu'il soit nécessaire de chercher l'explication du fait, on peut dire que la chaleur entre dans la constitution intime de la vapeur, qu'elle y demeure à l'état *virtuel* ou *latent*, occupée à maintenir l'écart des molécules, mais pouvant toujours se retrouver et être restituée quand l'eau redevient liquide. Elle a été mesurée avec beaucoup de soin, et l'on a trouvé que, pour volatiliser 1 gramme d'eau, il en faut autant que pour élever 600 grammes de la même matière de zéro à 1 degré ; plus simplement on dit qu'il faut 600 *calories*.

La vapeur ne se forme point seulement dans les chaudières et sur le feu ; elle se fait aussi à froid, sous nos yeux ; l'eau se dissout dans l'air, disait Le Roi ; elle s'y évapore, disons-nous, en quantité et avec une rapidité très grandes quand il est sec, plus lentement et en proportion moindre s'il est déjà humide ; enfin toute évaporation cesse dans l'air saturé, ce qui est de toute évidence. Mais, bien qu'ici les circonstances soient changées, la condition essentielle de toute vaporisation est encore maintenue ; il faut que l'eau reçoive sa chaleur virtuelle ou latente, il faut lui abandonner 600 calories. Or, comme il n'y a point de foyer pour la lui fournir, elle la prendra autour d'elle, aux corps voisins, à l'air, à elle-même, et la température baissera. Cette conséquence forcée, une des plus curieuses de la physique, se vérifie dans toute évaporation. J'en citerai deux exemples : on vend partout, principalement en Orient, des cruches poreuses, gargoulettes ou alcarazas, à travers lesquelles l'eau suinte assez pour mouiller l'extérieur, pas assez pour se répandre ; elle s'évapore très vite à la surface, si l'air est sec et chaud, et ce qui reste dans la cruche éprouve un refroidissement qui en Égypte est souvent de 10 degrés. Le deuxième exemple est plus scientifique et nous sera plus utile. Fixons sur une même planchette deux thermomètres identiques, mais couvrons l'un d'une gaze maintenue toujours mouillée par un réservoir, nous le

25

verrons prendre et garder une température toujours plus basse que son voisin, qui est à l'état naturel. La différence sera très grande dans l'air sec et chaud, parce que l'évaporation formera rapidement beaucoup de vapeur ; mais le refroidissement s'apaisera dans l'air humide, et cessera dans l'air saturé. Or, puisque ce froid diminue quand l'humidité augmente, le thermomètre mouillé pourra la mesurer : c'est un hygromètre, c'est le *psychromètre*. Règle générale, toutes les surfaces mouillées évaporent, toutes sont plus froides que les objets secs. Ce qui précède résume les conditions théoriques de l'évaporation ; nous allons les retrouver dans les fonctions du monde atmosphérique. Quand la pluie tombe, c'est que la vapeur répandue dans l'air passe à l'état liquide ; dès lors elle abandonne sa chaleur latente. Un gramme de pluie régénère six cents calories, six cents fois la chaleur nécessaire pour le réchauffer de 1 degré, ou, si l'on veut, ce qu'il faudrait de chaleur pour amener 6 grammes d'eau à la température de l'ébullition : il en abandonne encore davantage à cause de la hauteur d'où il tombe. La pluie va donc réchauffer l'air, les objets terrestres et elle-même ; c'est un foyer véritable. On sait en effet que pendant l'hiver les journées et les nuits pluvieuses sont chaudes ; il ne gèle que par les temps secs.

On mesure dans tous les observatoires la quantité de pluie qui tombe. Voici comment on raisonne : Si la terre était partout horizontale et imperméable, une journée de pluie déposerait en un lieu donné, sur tous les points, une couche d'eau de même hauteur ; le lendemain et les jours suivants, la même chose arriverait, et à la fin de l'année, si toute cette eau était conservée, elle atteindrait une élévation finale qui ne varie pas beaucoup d'année en année ; on se contente de faire connaître cette élévation, qu'on appelle *hauteur annuelle de pluie* ; à Paris, elle est égale à 52 centimètres en moyenne. 1 centimètre carré de surface reçoit ainsi 52 grammes d'eau par an et une quantité de chaleur restituée correspondante, qui est égale à 31,200 calories, ce qui équivaut à la combustion de 4 grammes de charbon. Cette chaleur est énorme, elle suffirait pour fondre annuellement une couche de glace de h mètres d'épaisseur ; c'est la huitième partie de ce que le soleil envoie.

Mais cette eau ne demeure point sur le sol ; elle disparaît rapidement : une partie par l'évaporation directe, une autre par la végétation, le reste s'infiltre dans les terrains pour reparaître dans les sources et rejoindre les rivières. Parlons d'abord de l'évaporation. On la mesure aussi dans les observatoires, avec des instruments spéciaux, des *évaporomètres*, et on l'exprime encore par la diminution de hauteur que la surface d'un lac éprouverait si elle n'était soumise à aucune autre cause de variation. A Montsouris, on l'a trouvée beaucoup plus grande en été qu'en hiver, ce qu'on aurait pu prévoir, et approximativement égale à 800 millimètres. Cette hauteur d'eau, que l'air pourrait absorber, est beaucoup plus grande que celle de la pluie qui tombe. La soif atmosphérique n'est donc point étanchée faute d'aliment ; elle n'est qu'en partie satisfaite. L'air contient de l'eau suspendue, mais pas autant qu'il pourrait en retenir ; il est humide, mais non pas saturé ; il ne peut l'être.

L'évaporation se fait sur les terrains et sur les objets mouillés ; c'est surtout à la surface des végétaux qu'elle est abondante. Elle a été mesurée par Hales, que nous allons laisser parler : « Le troisième de juillet 1724, pour trouver la quantité de liqueur tirée et transpirée par un soleil, je pris un pot de jardin dans lequel était un grand soleil de trois pieds et demi de hauteur que j'avais planté exprès dans ce pot pendant qu'il était jeune... Je pesai le pot avec la plante matin et soir pendant quinze différents jours que je pris entre le troisième de juillet et le huitième d'août ; après quoi je rompis la tige de la plante, je couvris la coupe du chicot avec de bon ciment, et en pesant mon pot, qui était poreux et qui n'était pas vernissé, je trouvai que la transpiration qui se faisait à travers ses pores était de 2 onces en chaque douze heures de jour, ce qui étant mis en compte avec les poids journaux de la plante et du pot, je trouvai que la plus grande transpiration de douze heures d'un jour fort sec et fort chaud était de 1 livre 14 onces. La transpiration pendant une nuit sèche, et sans aucune rosée sensible, était d'environ 3 onces ; mais aussitôt qu'il y avait tant soit peu de rosée, il ne se faisait plus de transpiration, et quand la rosée était abondante ou que pendant la nuit il tombait un peu de pluie, le pot et la plante augmentaient de 3 onces. *Remarquez que les poids dont je me servais étaient de 16 onces à la livre.*[1] » Ce récit complet et clair d'une des plus belles expériences qui aient jamais été faites nous inspire plusieurs réflexions. Que la plante ait augmenté de poids pendant la nuit c'est évident, c'est le poids de la rosée qu'elle a reçue ; que

---

1 *Statique des végétaux*, p. 4.

l'évaporation ait été très faible quand l'air est presque saturé, c'est encore conforme à toutes les expériences psychrométriques ; mais on ne peut se défendre d'un grand étonnement quand on voit un simple pied de soleil éparpiller dans l'air l'énorme poids de 1 livre 14 onces d'eau, à peu près 1 kilogramme, dans un intervalle de douze heures.

J'ai soutenu il y a quelques années, dans une lecture faite devant la Société de chimie, que l'on pouvait, par les seules lois de la capillarité, expliquer l'absorption de l'eau par les racines, son ascension dans la tige et son évaporation par les feuilles. Je n'ai pas convaincu tout le monde. Les physiologistes pensent que la fonction qui nous occupe est un acte de la vie végétale analogue à la décomposition de l'acide carbonique et qu'elle exige l'intervention de la lumière solaire. Il y a du vrai dans les deux opinions. Mais tout le monde s'accorde en ceci, que, fût-elle une fonction vitale, l'évaporation par les plantes n'est pas affranchie des conditions essentielles de la vaporisation, c'est-à-dire de la dépense de chaleur. Les végétaux sont de véritables alcarazas, ils absorbent la chaleur solaire, mais ils ne la perdent pas ; ils la recueillent et l'emmagasinent dans la vapeur formée. Le pied de soleil dont il vient d'être question accumulait en douze heures une réserve de 600,000 calories, ce qui est la chaleur fournie par la combustion de 75 grammes de charbon. Que l'on étende maintenant l'observation de Hales à tous les végétaux qui couvrent une contrée, aux moissons, aux prairies, aux forêts, on arrivera à un effrayant total de vapeurs et de chaleurs accumulées.

Toutes ces lois physiques et toutes leurs conséquences apparaîtront dans leur ordre de succession si nous prenons la peine d'analyser la série des événements météorologiques qui remplissent une claire journée de l'été ou de l'automne. Tant que le soleil brille, non-seulement la terre jouit de sa chaleur au moment qu'elle lui arrive, mais elle en fait provision pour la nuit afin de se prémunir contre le froid. C'est d'abord l'atmosphère qui s'échauffe en vertu de son pouvoir absorbant, puis tous les objets terrestres qui sont secs, les pierres, la terre, le sable, etc. Ils ne gardent pas tout ce qui leur vient, loin de là ; après s'être échauffés, ils renvoient vers le ciel la plus grande partie des rayonnements qui en viennent, à travers l'air qui s'échauffe à leurs dépens, le reste se perd dans l'infini sans retour possible. Les corps mouillés et les végétaux ont un rôle plus compliqué, ils font de la vapeur, ils recueillent l'énorme quantité de chaleur nécessaire à la transpiration dont nous venons de parler. Celle-là ne se perd point. Quoiqu'elle n'élève pas la température, elle se conserve latente dans la vapeur formée. Quand la nuit vient, la provision est faite, la lutte va commencer.

D'abord le rayonnement vers le ciel, dissimulé tout à l'heure par l'effluve solaire, n'a plus maintenant de contre-poids, et tout objet qui a un pouvoir émissif se dépouille aussitôt de sa chaleur. Nous avons expliqué comment il reprend, pour la disperser peu à peu, la provision que l'air avait faite, et comment cet air alourdi se répand sur le sol pour constituer la couche inférieure de froidure. Les corps mouillés et les végétaux éprouvent une action de plus. Ils continuent leur évaporation, comme s'ils profitaient des derniers moments du jour pour ajouter encore quelque chose à leur travail ; par là ils se refroidissent plus vite que leurs voisins qui sont secs, et pendant toute la nuit gardent une température plus basse, une avance de froid.

Cette avance de froid, ce rôle particulier des végétaux et des corps mouillés explique des phénomènes nombreux et divers : c'est à cette cause principalement qu'il faut attribuer la fraîcheur plus grande des vallées vers le commencement des soirées d'automne, et la rosée qui s'y fait plus abondante et les brouillards qui s'y accumulent. Vers le mois de mai, quand les gelées printanières sont imminentes, les jardiniers et les vignerons de la Champagne se tiennent en repos si les plantes sont sèches ; mais, si elles ont été mouillées pendant le jour par quelque giboulée, ils tiennent le danger de nuit pour certain et se hâtent de le combattre par des abris. Dans le premier cas il n'y a que le rayonnement, dans le second il se complique de l'évaporation.

La classique histoire de la fabrication de la glace au Bengale confirme ces principes. De larges vases *poreux et plats* remplis d'eau sont disposés le soir sur de la paille non tassée ou sur des cannes à sucre sèches. Quand la nuit a été sereine et qu'il n'y a pas eu de rosée, l'eau se trouve gelée au lever du soleil, pendant que la paille voisine reste à 4 ou 5 degrés au-dessus de zéro. Ici tout se trouve réuni pour accentuer le froid, d'abord l'évaporation qui se fait soit à la surface de l'eau, soit à celle des vases, ensuite le rayonnement est d'autant plus intense que l'air est moins humide. La première cause à la vérité cesse aussitôt que le point de rosée est atteint ; mais cela arrive tard, et comme elle n'agit point sur la paille environnante qui est sèche, celle-ci n'atteint pas une aussi basse température.

Si tout continuait de la sorte pendant la nuit entière, si le rayonnement n'avait aucun contre-poids et que l'évaporation persistât sur les corps mouillés, rien ne limiterait le froid de la terre, et c'est alors que le soleil à son lever éclairerait, comme le dit Tyndall, une scène désolée par la congélation. Il n'en est point ainsi : l'évaporation diminue et cesse au point de saturation ; la rosée apparaît alors sur tous les objets ; en s'y déposant, elle abandonne toute sa chaleur latente, toute cette provision qui s'était accumulée pendant le jour. Ainsi, quand d'une part le rayonnement disperse la chaleur et refroidit les plantes, de l'autre côté la rosée intervient pour limiter la dépense, pour restituer la chaleur que la vapeur tenait en réserve, et sinon pour enrayer totalement, au moins pour ralentir le refroidissement.

L'art aussi, un art instinctif, vient en aide à la nature. Pour conjurer la gelée, les jardiniers font des couches ; il y en a peu qui sauraient en expliquer les effets. Ce sont des lits de fumier qui se consument lentement comme de vrais foyers, sur lesquels on étend du terreau et qu'on recouvre de cloches ou de châssis. Ces verres seraient de pauvres obstacles au froid, étant minces et transparents. Ils pourraient retarder, ils n'empêcheraient pas la gelée des plantes. Mais l'air très humide qu'ils emprisonnent vient déposer sa buée et abandonner sa chaleur latente sur leur face inférieure. La buée s'écoule, les mouvements du gaz ramènent de l'air humide au contact du verre, l'action devient continue, le refroidissement de la cloche est arrêté et la plante garantie. Les serres sont en grand ce qu'un châssis est en petit. J'ai construit récemment, en vue d'appliquer cette théorie, une serre que je me suis préoccupé de laisser très humide. Elle est adossée contre une colline qui a été creusée en grotte ; une petite source y alimente un bassin assez grand, de température toujours modérée et égale à 10 degrés ; enfin les gradins, au lieu d'être en fer et à jour, sont taillés dans des monceaux de terre bien arrosée. A cause de leur masse, ils se refroidissent très lentement ; ils sont remplis de plantes accumulées, et ils évaporent beaucoup d'eau. Cette serre n'est point chauffée ;

pourtant il n'y gèle pas, et, ce qui est particulier, l'air n'y est point humide quand les nuits sont froides. Mais la surface intérieure du toit de verre est à ce moment couverte d'une abondante buée qui, par un système aujourd'hui généralement adopté, se déverse à l'extérieur. C'est une véritable pluie, d'autant plus abondante que la nuit est plus froide. Grâce à cette buée, grâce à la chaleur qu'elle abandonne, le froid est conjuré et l'air se dessèche. Ce qui se fait dans les couches et dans les serres ainsi construites se produit en grand dans la campagne pendant les nuits claires. Chaque gramme de rosée qui se dépose restitue 600 calories empruntées naguère au soleil ; cela suffit pour réchauffer de 1 degré 2 mètres cubes d'air, et si l'on multiplie dans la pensée ce résultat par le poids total de rosée que reçoit une prairie, on aura l'idée du rôle considérable que joue ce phénomène, rôle dont l'efficacité semble diminuer quand le danger augmente. En effet, quand l'air est humide, le rayonnement est faible, la rosée abondante, et le froid est entièrement conjuré. Si le temps est clair et sec, la rosée vient tard, le mal est grand, le remède est faible, et, bien que la progression du froid se ralentisse, elle se continue toute la nuit, et souvent la gelée survient. Dans ce cas, la théorie nous indique que le meilleur moyen pour l'empêcher serait de répandre de la vapeur d'eau dans l'atmosphère, à l'aide de chaudières placées dans le voisinage des arbres exposés. On a récemment essayé ce remède avec un succès complet.

En résumé, c'est par la rosée que la terre se défend contre les envahissements du froid ; c'est par ce phénomène bienfaisant que les plantes se sauvent de la gelée en reprenant à l'air la vapeur qu'elles y avaient mise en réserve et la chaleur qui s'y était cachée ; puis, quand le soleil reparaîtra au matin suivant, son premier effet, j'allais dire son premier soin, sera de ramener la rosée à l'état gazeux, de refaire la provision de chaleur qui s'est dissipée, afin que la nuit suivante elle puisse recommencer ses bons offices ; tout semble obéir aux lois mystérieuses d'une harmonie préméditée.

ISBN : 978-1722100872